V

V

OBSERVATIONS
DES
HAUTEURS,
Faites avec le Baromètre, au mois d'Aoust 1751.

SUR UNE PARTIE
DES ALPES,
EN PRESENCE, ET SOUS LES AUSPICES
DE MILORD COMTE
DE ROCHFORD
ENVOYE EXTRAORDINAIRE DE SA MAJESTE
BRITANNIQUE A LA COUR
DE TURIN.

PAR M. NEEDHAM
DE LA SOCIETE ROYALE DE LONDRES.

BERNE,
AUX DEPENS DE LA SOCIETE LITTERAIRE

_____

MDCCLX.
CHEZ ABR. WAGNER FILS.

AVERTISSEMENT.

LA relation de ce voyage fait dans les Alpes à la suite de Milord Rochford auroit pû être beaucoup plus intereſſante. Ce Seigneur s'eſt fait un plaiſir de donner toutes les facilités pour la plus grande exactitude des obſervations. Lui-même en a ſuivi le cours avec goût & intelligence. L'amour des ſciences excitoit ſa curioſité. Ses talens & ſes connoiſſances l'avoient mis en état d'en recueillir le fruit.

M. Needham ſaiſit avec empreſſement tous les moyens de ſatisfaire un déſir ſi loüable & ſi conforme à ſon objet. Il multiplia ſes obſervations au-delà de ce qu'on auroit pû eſpérer d'un tems auſſi court. Il profita de l'occaſion pour les comparer avec celles qu'il avoit faites à diverſes repriſes dans les Apennins. Les différentes inductions, qu'il tira de ce parallèle, formoient une chaine de conſéquences, propres à répandre un certain jour ſur la Théorie de la Terre.

Cette acquiſition de nouvelles idées, puiſées dans l'expérience, fourniſſoit à M. Needham la matière d'un ouvrage plus étendu. Il commençoit d'y travailler, & ſe propoſoit de le faire imprimer à Turin. Il vouloit payer ce tribut de reſpect & de reconnoiſſance à S. A. R. Monſeigneur le Duc de Savoye. Ce Prince, en qui le plus heureux naturel a été ſi bien ſecondé par l'exemple & l'éducation, avoit daigné s'entretenir avec M. Needham de ces mêmes obſervations, & l'encourager par ſon ſuffrage à les rendres publiques. L'Aprobation des Grands eſt en droit de flater, même les Phyloſophes, lorſqu'elle doit ſon prix, moins à l'éclat du rang, qu'à la ſupériorité des lumières. Des occupations d'un genre différent, des devoirs à remplir, un grand voyage à faire, n'ont pas laiſſé à M. Needham tout le tems néceſſaire pour remplir ſon projêt. Il s'eſt borné, quant à préſent, à donner ſimplement les hauteurs de la partie des Alpes qu'il a parcouruë. L'ouvrage projetté n'en paroîtra pas moins, auſſitôt que M. Needham aura trouvé le repos & le loiſir qu'il exige

Différentes hauteurs observées avec le Baromètre sur les montagnes des Alpes en Savoye, & dans le Duché d'Aoste en 1752. prises du niveau de la Mer.

Hauteurs observées.	Hauteur de Mercure en Lignes.	Hauteur des Montagnes en Toises.
A la Mer	336.	0000.
A Turin	328.	101.
A Ivrée	320.	204.
A la Cité d'Aoste	312.	311.
A Amneville 3. milles au N. Ouest, de la Cité d'Aoste	308.	365.
A S. Rémy	276.	825.
Au Couvent du Grand S. Bernard	250.	1241.
Rocherau Sud Ouest dudit Couvent	248.	1274.
Mont Séréne, entre S. Rémy, & Cor-Mayeur	247. $\frac{1}{2}$	1283.
Cor-Mayeur	289. $\frac{1}{2}$	627.
A la moitié du chemin de l'Allée blanche	279.	780.
Au sommet de l'Allée blanche, au pied de la croix	249. $\frac{1}{2}$	1249.
Ville de Glaciéres	270. $\frac{1}{2}$	910.
Bourg S. Maurice	291.	603.
Mine de Pesey	262.	1044.
Mont-Tourné	225.	1683.
L'Hôpital de Mont-Cenis	314.	284.
Glaciére de Ronce, ou le sommet de Mont-Cenis, au N. E. de l'Hôpital	303.	434.

Hauteur des montagnes les plus remarquables de la province de Quito au Pérou, dont les sommets sont couverts de neige, & dont la plus part ont été, ou sont actuellement Volcans. Par Messieurs de l'Académie Royale des Sciences, envoyés par le Roi sous l'Equateur.

Un mille Italien est évalué par les Géomètres à 764. toises de France.

	Toises.
Quito, Capitale de la province de Quito en Pérou	1407.
Cota - Catché, à 33000. toises, au nord de Quito	2570.
Cayambé - Orcon, sous l'Equateur même, à 34000. toises à l'est de Quito	3030.
Pichincha, Volcan en 1539. 1577. & 1660. son sommet oriental	2430.
Antisana, Volcan en 1590.	3020.
El - Corason, la plus grande hauteur connue, où l'on ait monté	2470.
Sinchoulagoa, Volcan en 1660. communiquant avec Pichincha	2570.
Illinica, présumé Volcan	2717.
Koto - Pacsi, Volcan en 1533., 1742., & 1744.	2950.
Chimboraso, Volcan; on ignore l'époque de son éruption	3220.
Cargavi - Raso, Volcan écroulé en 1698.	2450.
Tongouragoa, Volcan en 1641.	2620.
El - Altar, l'une des montagnes appellées, *Coillanes*	2730.
Sangaï, Volcan continuellement enflammé depuis l'Année 1728.	2680.

Certaines

Observations générales.

LA Montagne de Joch en Suisse est de toutes les montagnes des Alpes observées par Scheuchzer dans ses différens voyages, la plus élevée, & sa hauteur perpendiculaire au niveau de la Mer est de 1340. toises. Ce Physicien donne pourtant par conjecture la hauteur de 1660. toises à Tittlisberg, qui fait une pointe latérale plus élevée de la même montagne de Joch, hauteur, qui surpasse celle du Canigou la plus élevée des Pyrenées.

Comme le Mont-Tourné, sans considérer ses pointes latérales beaucoup plus élevées, aux-quelles aucun observateur ne peut parvenir pour fixer son Baromètre, donne pour son élevation 1683. toises; il est à présumer, que le Mont-Tourné est la montagne la plus élevée de l'Europe. Sa situation, presque au milieu de la chaine des Alpes, qui va toûjours, selon l'ordre général de la nature, en diminuant, tant du côté des plaines de la France & du Piedmont, que du côté des deux mers, & le cours des rivières, servent également à confirmer cette idée, aumoins jusqu'à présent aucune observation ne nous a donné une hauteur plus élevée en Europe.

Les autres observations sont à la suite de celle du Mont-Tourné, dans l'ordre que je les ai faites, & je n'ai rien négligé pour les avoir exactes, autant que la fidélité de mon Baromètre me pouvoit promettre.

Celles

Celles pourtant du Mont-Cenis, & la Glacière au nord-est de l'Hôpital font prises de la rélation du Supérieur de cette maison, qui me les a données comme faites par Mr. l'Abbé Nolet. Avant d'arriver à cette dernière montagne, la descente assez dangereuse de Mont-Tourné avoit tellement dérangé mon Baromètre, qu'il n'étoit plus en état de me fournir des observations exactes, & le tems ne me permettoit pas de le remettre à sa perfection.

Pour donner plus de poids aux observations barométriques j'ai crû nécessaire d'ajoûter les extraits suivans.

„ Le Pere Laval ayant mesuré géométriquement diverses
„ hauteurs à la sainte Baume, & aux environs, y a ensuite
„ porté un Baromètre; & a observé de combien il y étoit
„ plus bas qu'à son observatoire à Marseille, dont il con-
„ noissoit l'élévation sur le niveau de la Mer. Il a envoyé
„ ses mesures & ses observations à Messieurs Cassini, qui ont
„ cherché quelle devoit être selon leur progression la hau-
„ teur des montagnes, qui donnoit l'abbaissement observé
„ dans le Baromètre, & ils ont trouvé les mêmes hauteurs,
„ que le Pere Laval avoit trouvées d'ailleurs par les mesures
„ géométriques, à deux ou trois toises de différence près, ce
„ qui n'est pas considérable. *Hist. de l'Academie des Sciences,*
„ 1708. pag. 27.

Quant à la manière d'observer avec le Baromètre, & d'en tirer les conséquences, c'est ce qui fournit cette regle très-simple, que je rapporte en faveur de quelques Lecteurs. „ Il
„ n'y a qu'à chercher dans les tables ordinaires les logarith-
„ mes des hauteurs du Mércure dans le Baromètre, expri-
„ mées en lignes; & si on ôte une trentiéme partie de la
différence

„ différence de ces logarithmes, en prenant avec la caracté-
„ ristique seulement les quatre premières figures, qui la sui-
„ vent, on aura en toises les hauteurs rélatives des lieux. Le
„ Mercure se soûtenoit dans le Baromètre à Carabourou,
„ qui est la plus basse de toutes nos stations à 21. pouces
„ 2. ¾ lig. ou à 254. ¾ lig. au lieu que sur le sommet pier-
„ reux de Pichincha il se soûtenoit à 15. pouces, 11. lig. ou
„ 191. lignes. Si l'on prend la différence des logarithmes
„ de ces deux nombres, on trouvera 1250., & si on ôte
„ la trentiéme partie, il viendra 1209. toises pour la hau-
„ teur de Pichincha au-dessus de Carabourou; ce qui s'acorde
„ avec la détermination géométrique, *Voyez la Figure de la*
„ *Terre par Mr. Bouguer pag* 39.

Cette regle est fondée sur ce que les condensations actuelles en chaque endroit y sont proportionnelles au poids des colomnes supérieures, qui causent la compression: ces condensations, ou ces densités, changent en progression géométrique, pendant que les hauteurs des lieux sont en progression arithmétique.

L'application de cette regle à la formation de la table précédente doit être censée d'autant plus exacte, que tout le tems de notre course dans les Alpes étoit parfaitement beau, & toutes les observations faites dans des jours d'une égale sérénité.

Par la table des hauteurs des montagnes nommées les Cordelières au Perou, en la comparant avec celle que j'ai donné de cette partie des Alpes, que j'ai parcouruë, on peut entre autres choses remarquer, non-seulement que les Corde-

lières

lières en général sont beaucoup plus hautes, & presque le double des Alpes, mais que les habitations du vallon de Quito sont les plus hautes du monde, & même plus hautes que le couvent du grand Saint-Bernard. Ce qui sert, par la pureté & l'élasticité de l'air, à temperer les chaleurs de leur situation précisement au-dessus de la ligne équinoctiale, & rend leur demeure un espèce de Paradis terrestre.

Une Montagne est une masse immense, en comparaison de cette portion de matière que nous animons, & de cette espèce de champ, qui se trouve enfermé dans la sphère de la vision méchanique; mais cette grandeur évanouit, quand la pensée embrasse tout le globe terrestre.

Le diamètre de la Terre est à peu près de 3000. lieues; la hauteur de Chimboraso en Pérou, la plus haute montagne connuë, est de 3000 toises, 3000 toises à 3000 lieues font la proportion d'une toise dans une lieüe, ou un pied dans 2200, ou moins encore que la sixiéme partie d'une ligne sur un globe de deux pieds & demi de diametre. La regularité de la courbe de la Terre ne souffre rien par une telle élévation. Voyez l'Histoire naturelle, par Mr. de Buffon Tom. I.

Tout est rélatif dans la nature, & les connoissances bornées des hommes ne sont établies que sur la comparaison.

Comme la Terre s'élève graduellement vers l'équateur, & s'applatit en approchant des deux Poles, ainsi les différentes chaines des montagnes s'élèvent, ou s'abbaissent, à mesure qu'elles approchent, ou qu'elles s'éloignent de l'équateur. Les montagnes d'Afrique ou d'Asie sont plus hautes que celles de l'Europe, & les Cordelières fous l'Equateur en Amérique furpaffent toutes les autres.

Les chaines les plus confidérables tendent, les unes d'occident en orient, les autres du nord au fud: celles-ci occupent les terres entre les Tropiques, & quelques endroits du nord; celles-là s'étendent dans les zones temperées, & font en plus grand nombre.

Les montagnes, dont la maffe va d'occident en orient, forment de deux côtés des avances, dont les unes regardent le nord & les autres le midi; & celles, dont la maffe git nord & fud, forment des avances, qui répondent à l'eft & à l'oueft.: c'eft-à-dire, que les montagnes décrivent deux lignes, qui fe coupent à angles droits, & qui font paralleles, autant qu'il eft poffible, à l'Equateur & au Méridien.

Lorfque deux montagnes gifent à côté l'une de l'autre, elles forment des vallons de différente largeur, & les avances de ces montagnes répondent alternativement les unes aux autres: c'eft-à-dire, qu'elles font prefqu'auffi régulières, que des ouvrages de fortifications, & l'angle faillant de l'une répond à l'angle r'entrant de l'autre. Voyez, Lettres Philofophiques par Mr. Bourguet.

Cette remarque, qui eft entiérement de Mr. Bourguet, avec les coquilles, & autres dépouilles de la mer, qui fe trouvent difperfées fur toute la Terre, démontre aux yeux des Phyficiens, que la Terre eft fortie des eaux de la Mer. Elle nous fait admirer la grande régularité, qui regne par tout, même dans les montagnes, qui d'ailleurs paroiffoient fi irrégulières aux yeux du vulgaire. De celà il fuit que

certaines

certaines caufes très-générales, * *qui ne fubfiftent plus*, agiffantes par des loix fixes & déterminées, ont prefcrit aux montagnes une hauteur régulière, à la mer une profondeur proportionée, & à la terre cette courbe précife, & fphéréodique, qui fe préfente aux yeux du Géomètre.

Ceux enfin, qui veulent avoir une vraïe idée des montagnes, comme elles fe trouvent difpofées par la nature dans un certain ordre & gradation, doivent confidérer le Mont-Cenis par exemple, comme le premier degré d'élévation, qui va toûjours en augmentant, à mefure qu'ils avancent, de cette manière ils feront bien éloignés, comme il arrive affez fouvent, de prendre le Mont-Cenis, ou le Mont-Vifo, ou même le Roche-Melon pour des hauteurs très-confidérables, en comparaifon des autres, plus reculées dans la chaine.

La nature eft partout d'une exacte régularité; fes gradations font mefurées, elle n'a ni élévations foudaines, ni chûtes précipitées : & celà feul fuffiroit pour confondre le prétendu Philofophe, qui bâtit fur le hazard, & l'infenfé, qui a dit dans fon cœur, il n'y a point de Dieu. La fageffe du Créateur brille autant au pied de fon thrône & fur la Terre, que dans la voute célefte, & parmi les aftres, qui l'éclairent d'une manière fi admirable.

---

* C'eft précifement ce que je prétend démontrer phyfiquement dans l'effai que j'ai deffein de donner fur la Théorie de la Terre.

LETTRE,
A MESSIEURS
LES EDITEURS
DU
JOURNAL
LITTERAIRE
DE BERNE.

JE dois vous remercier Messieurs, de l'honneur que vous m'avez fait, en publiant, dans votre journal littéraire, mes observations Barométriques sur les montagnes des Alpes en Savoye & dans le Duché d'Aoste. Pour rendre ces observations encore plus intéressantes, j'ai pris la liberté de vous envoyer une lettre, que l'illustre Mr. Bouguer, dont nous regrettons si sensiblement la perte, m'a fait parvenir, fort peu de tems avant sa mort, sur la méthode d'appliquer la regle, qu'il donne dans son livre *de la Figure de la Terre*, pour trouver la hauteur des montagnes par le moyen du Baromètre. J'ai crû ne pouvoir mieux faire pour la communiquer au public, que de vous la transmettre, afin qu'elle trouve la place quelle mérite dans un recueil si distingué, & propre par le choix judicieux des piéces à plaire généralment à tout le monde sçavant. Voici l'extrait de cette lettre, avec l'application de sa méthode à mes observations Barométriques.

„ La méthode que j'ai donnée dans le livre *de la Figure de*
„ *la Terre* pour trouver la hauteur des montages par le moyen
„ du Baromètre (*) n'est bonne que pour les montagnes assez
„ hautes, pour que l'élévation du Mercure dans le baromètre
„ n'y soit guére variable, ainsi je ne crois pas qu'on puisse
„ l'appliquer avec succès aux expériences faites à Turin, à la
„ Cité

(*) J'ai déjà donné, parmi mes observations générales sur les montagnes, la regle, dont parle Mr. Bouguer; je la repète ici pour la commodité de mes lecteurs. Il n'y a qu'à chercher dans les tables ordinaires les logarithmes des hauteurs du Mercure dans le Baromètre, exprimées en lignes, & si on ôte une trentiéme partie de la différence de ces logarithmes, en prenant avec la caractéristique seulement les quatre premiéres figures qui la suivent, on aura en toises les hauteurs relatives des lieux.

Cette regle est fondée sur ce que les condensations actuelles en chaque endroit y sont proportionelles au poids des colonnes supérieures, qui causent la compression: ces condensations, ou ces densités changent en progression géométrique, pendant que les hauteurs des lieux sont en progression arithmétique.

„ Cité d'Aoste, à l'hopital du Mont-Cénis, & autres moindres
„ hauteurs. Cette méthode outre celà ne donne pas immédia-
„ tement la hauteur des montagnes au-dessus du niveau de la
„ Mer ; elle donne la quantité dont elles sont moins hautes
„ que *Pichincha* que j'ai pris pour terme, parce que j'ai crû
„ que cette montagne d'auprès de Quito, étoit la plus haute
„ de toutes celles de notre globe, qui sont accessibles....
„ En appliquant la règle au mont *Tourné*, je trouve qu'il est
„ moins haut que *Pichincha* de 688. toises, & comme cette
„ dernière montagne à 2434. toises d'élévation au-dessus de
„ la Mer, ainsi que je l'ai trouvé par la mesure géométrique, il
„ s'en suit, que le mont *Tourné* est élevé de 1746. toises. J'ai
„ suivi la même méthode pour les hauteurs des autres postes.

Hauteurs observées.	Hauteurs du Mercure en lignes.	Hauteurs des Montagnes en toises.	Exemple de la méthode pour le mont Tourné.
St. Remi - - -	276.	888.	2. 3522. Logarithme de 225. lignes; hauteur du Mercure sur le mont Tourné.
Couvent du grand St. Bernard. - -	250.	1304.	
Rocher au Sud-ouest du-dit Couvent. - - - -	248.	1337.	2. 2810. Logar. de 191. ligne : hauteur du Mercure sur *Pichincha*.
Mont Séréné - -	247 ½	1346.	712. différence des logarithmes.
Cor-Mayeur - -	289 ½	687.	24. trentième partie à retrancher.
Milieu du chemin de l'allée blanche.	279.	843.	688. différence résulte, qui marque, combien *Pichincha* est plus haut que le Mont Tourné.
Au haut de l'allée blanche. - - -	284 ½	1312.	
Villes des Glacières. - - - -	270 ½	973.	2434. toises ; hauteur de *Pichincha*, mesurée géométriquement.
Bourg St. Maurice. - - -	291.	666.	688. différence des deux hauteurs.
Mine de Pesey. -	262.	1107.	
Mont Tourné. -	225.	1746.	1746. toises, hauteur de Mont Tourné au-dessus du niveau de la Mer.

Il s'agit à préfent de compaſſer la table des hauteurs donnée par Mr. Bouguer dans cet extrait; avec celle que j'ai deja fait paroître. J'emploie la même règle en montant du niveau de mer, que j'ai pris pour terme comme lui, en deſcendant de la montagne de *Pichincha*, qui lui ſert pareillement de terme dans ſes calculs, & ce qui paroîtra peut-être aſſez remarquable, eſt, que la différence entre les mêmes hauteurs données par les deux tables eſt préciſement de ſoixante-trois toiſes (*). Cette différence une fois donnée doit néceſſairement, par la nature des logarithmes, ſe trouver entre les deux tables dans toute la ſuite, mais il reſte toujours à ſavoir, laquelle des deux péche, ou la ſienne par un excès, ou la mienne par le défaut de ſoixante trois toiſes, qui font la différence des deux tables.

Si la regle de Mr. Bouguer, par ſa façon de s'en ſervir, péche par un excès; cet excès, qui n'eſt que de 63. toiſes, ne ſera pas conſidérable pour les grandes hauteurs, auxquelles ſeules il veut qu'elle ſoit appliquée; d'ailleurs nous ſavons par les obſervations qu'elle s'accorde très-bien, pour les montagnes ſous l'équateur, qui ſont les plus hautes de notre globe, avec les meſures géométriques: d'un autre côté, ſi nous ajoutons cette même différence de ſoixante-trois toiſes aux moindres hauteurs

dans

(*) Celà paroîtra par la comparaiſon des deux tables, ſi on néglige les demi toiſes en liſant dans la table, que j'ai donnée, à *Mont-Sérené* 1283. toiſes, au ſommèt de *l'allée blanche* 1249. toiſes, & qu'on corrige au *Cor-Mayeur* une faute d'impreſſion 624. au lieu de 625. La raiſon de cette différenze remarquable ſe trouvera c'y-après.

dans ma table des obfervations, comme à celle de Turin au-
deffus du niveau de la mer, celle d'Ivrée, de la Cité d'Aofte,
ou du mont-Cénis, il eft évident, non-feulement qu'elle eft
confidérable par rapport au total de cent, deux-cent, ou trois-
cent toifes, mais qu'elle donne des mefures abfolument fauffés,
qui péchent clairement par un excès très-fenfible.

„ On fera du Boromêtre, felon Mr. l'abbé Nolet (*), une
„ aplication heureufe & utile, fi l'on s'en fert pour mefu-
„ rer la hauteur des montagnes, fuivant les expériences qui
„ furent faites par M. M. Caffini, Maraldi, & Chafelles, en
„ Auvergne, en Languedoc & en Rouffillon (†). Maintenant
„ il paroît par leurs obfervations, que depuis le nivau de la
„ Mer jufqu'à une demi-lieue de hauteur, on peut compter
„ environ 10. toifes d'élévation pour chaque ligne d'abaiffe-
„ ment du Mercure, en ajoûtant un pied à la première
„ dixaine, deux pieds à la feconde, trois pieds à la troifième,
„ & ainfi de fuite. „

Cette regle, qui péche par défaut fur les hauteurs moins
confidérables, & par excès fur les grandes hauteurs, comme nous le démontrerons dans la fuite, quoique ni le défaut,
ni l'excès ne foient confidérables, fi la regle n'eft portée au-
delà de la hauteur de 764. toifes, ou un mille Italien, &
non pas, comme ces Meffieurs le veulent, à une demi lieue
de

(*) Phyfique expérimentale, Leçon II. Tome 3. page 351.

(†) Mémoires de l'Academie des fciences, 1703. page 229. & fuivantes.

de hauteur, ou 1146. toiſes, cette regle, dis-je, s'accorde aſſez avec toutes les obſervations ſur les moindres hauteurs, pour démontrer, que la méthode de Mr. Bouguer appliquée pareillement aux moindres hauteurs, comme j'ai déjà dit, péche par un excès très-conſidérable. Celà paraîtra très-clair à quiconque fera l'application de ces deux méthodes à ma table des obſervations barométriques. Que la ligne de Mercure ſoit évaluée avec Mr. Caſſini, ſur la montagne de Notre-Dame de la garde pres de Toulon, à dix toiſes & cinq pieds; ou avec M. La Hire, en différens tems & lieux, à douze toiſes ſur le mont Clairet dans le voiſinage de la même ville, à douze toiſes, quatre pieds à Meudon, & à douze toiſes, deux pieds, huit pouces à Paris; ou avec M. Picart au mont St. Michel à quatorze toiſes, un pied, quatre pouces; ou enfin avec Mr. Valerius, ſçavant Suèdois, à dix toiſes, un pied, quatre lignes; il ſe trouvera toûjours, que la méthode de Mr. Bouguer péche par un excès très-conſidérable ſur les moindres hauteurs, & qu'elle n'eſt applicable, comme il dit lui-même qu'aux montagnes aſſez hautes, pour que la hauteur du Mercure dans le Baromètre ne ſoit guère variable.

Il paraîtra peut-être étonnant, que des obſervateurs ſi exacts ſoient ſi peu d'accord entr'eux, & que leur rapport ſoit ſi différent. Il eſt bon par conſéquent de remarquer en paſſant, qu'on doit attribuer toutes ces différences, ou à des couches de vapeurs, qui peuvent regner dans certaines parties de l'atmoſphère, & qui en altèrent pour un tems le peſanteur; ou à la ſituation des lieux, où l'on fait ces expériences, & par conſéquent à la peſanteur actuelle ou plutôt l'élaſticité, plus ou moins grande, de l'atmoſphère, [*] qui eſt

très

---

[*] Voyez, la diſſertation de Mr. Bouguer ſur les dilatations de l'atmoſphère, dans les mémoires de l'Academie des ſciences pour l'année 1753. pag. 39. & pag. 515.

très-variable dans fes baffes régions auffi bien que la denfité, à proportion qu'elle eft plus ou moins chargée, foit par la propre matière amoncellée, foit par des parties étrangères, que s'y mêlent; ou enfin, comme Mr. L'Abbé Nolet le remarque très-bien, (& c'eft peut-être la raifon la plus forte), parce qu'il eft très-difficile d'eftimer au jufte chaque ligne d'abaiffement de Mercure dans le Baromètre, où le mécompte d'un douziéme de ligne eft d'une grande conféquence. Il fuffira pour produire de pareilles erreurs, ou d'un défaut de mobilité, qui empêchera le Mercure de fe remettre dans un parfait équilibre avec l'atmofphère après fes balancemens, ou de la convexité de fa furface, & des petites refractions occafionnées par l'épaiffeur du verre, qui peuvent facilement tromper la vuë de l'obfervateur, même le plus attentif. Mais toutes ces variations dans les regions baffes de l'atmofphère n'affectent pas le Baromètre d'une façon fi irrégulière fur les hauteurs confidérables, qui furpaffent fix-cent, ou fept-cent toife, & le défaut, qui provient du mécompte de la hauteur réelle du Mercure, difparoîtra dans un Baromètre très-fenfible, dont la defcription fe trouvera cy-après: pour les hauteurs, qui font moindres, & qui n'arrivent pas jufqu'à fix-cent toifes, il n'y a d'autre remède que de choifir, pour faire fes obfervations, le tems le plus ferein & les jours les plus calmes, & les unir enfuite dans une échelle de hauteur rélative, bien affurée avec les obfervations qu'on fera fur les hauteurs plus confidérables.

Revenons à préfent à la méthode prefcrite par Mr. Caffini; fi nous prenons, comme il eft très-raifonnable, un milieu entre tous les différens raports donnés pour évaluer en toifes une ligne de Mercure, & que nous le fixions à douze toifes environ, il fe trouvera, que la méthode de Mr. Caffini

péche

pêche par défaut pour les moindres hauteurs. De plus ce défaut ne se corrige pas facilement, & quand il cesse, c'est alors que la regle commence auffitôt à pécher par un excès, qui devient bientôt très-confidérable. Elle péche par défaut, puisqu'elle commence par un raport de dix toifes pour la première ligne d'abaiffement du Mercure, qui eft le plus petit de tous les raports affignés par les obfervateurs, pendant que le produit de fa raifon, quoiqu'en progreffion arithmétique, ne s'élève pas au niveau du produit du celle de Mr. Bouguer, qui ne defcend qu'à la moitié du chemin dans ma table des obfervations barométriques, à favoir, au *milieu du chemin de l'allée blanche* à peu-près, ou à 57. lignes d'abaiffement du mercure, qui font auffi à-peu-près la moitié de cent & onze lignes, ou l'abaiffement total fur le mont-Tourné: or la regle de Mr. Bouguer ne péche par aucun excès, comme il eft clair par les mefures géométriques, & par la nature même invariable de l'atmofphère fur les grandes hauteurs, jufqu'à l'abaiffement de fix-cent toifes environ: donc la regle de Mr. Caffini commence, & perfévère à pécher par défaut, quoique ce défaut ne foit pas confidérable, & qu'il diminue à chaque pas, jufqu'à ce que portée à l'égalité avec celle de Mr. Bouguer, elle paffe confidérablement toutes ces bornes raifonables. Enfin, fi on l'aplique aux grandes hauteurs, elle péche par un excès fi énorme, qu'elle donne au mont Tourné 2146. toifes, hauteur, qui le range dans la claffe des montagnes fous l'équateur, dont plufieurs n'excédent pas cette mefure. Au contraire, la regle de Mr. Bouguer ne donne au mont-Tourné que 1746 toifes de hauteur, ce qui repond affez, felon la gradation obfervée dans les chaines des montagnes à fa fituation dans une diftance à-peu-près égale du Pole, & de l'Equateur. Car 1746 x 2 = 3492., & on trouve fous l'Equateur des montagnes de cette hauteur.

De tout ceci j'infére, & j'en recommande avec inftance la vérification à tous les obfervateurs de votre païs, puifque la plus belle théorie ne doit être d'aucune conféquence aux vrais philofophes, fi elle ne fe confirme par des expériences réiterées, j'infére, dis-je, que la regle de Mr. Bouguer, qui déjà a été vérifiée pour les grandes hauteurs, pourra fervir également avec la même exactitude pour les moindres hauteurs, avec une certaine modification, & fous de certaines conditions.

La modification, que je demande pour les moindres hauteurs, eft, que l'obfervateur fe ferve pour terme du niveau de la mer, [*] jufqu'à la hauteur de cinq ou fix-cent toifes tout au plus, ou ce qui revient au même, jufqu'à l'abaiffement dans la colonne de Mercure de trente ou de quarante lignes, en conféquence d'un réfultat plus exact des expériences à faire, comme Mr. Bouguer fe fert du *mont Pichincha* comme d'un terme fupérieur pour les hauteurs plus confidérables.

Dans cette vûe l'atmofpère fe partagera en deux portions inégales, dont la mefure pour la moindre portion inférieure, qui fera reputée comme un fluide hétérogène, variable & d'une autre nature, que la partie fupérieure, fera prife du niveau de la mer, pendant que l'autre partie, beaucoup plus confidérable & plus homogène, aura pour fon terme, le *mont Pichincha*, la plus haute des hauteurs acceffibles fur le globe.

De cette façon l'échelle, qui refulte, fe trouvera reftrainte au

---

[*] Cela fe fait par le moyen d'un autre Baromètre pofé dans quelque port de mer, & obfervé foigneufement par un fecond obfervateur, pendant tout le tems des obfervations du premier fur les différentes haûteurs.

au vrai par les deux extrémités, & fi pour rendre le calcul encore plus facile, on veut fe fervir, d'un feul terme, cela fe pourra faire, ou en employant le terme fupérieur feul du *mont Pichincha* pour toute l'échelle, pourvû qu'on ôte le nombre de foixante-trois toifes de toutes les hauteurs données au-deffous de fix-cent, ou cinq-cent toifes; ou en employant le feul terme inférieur du niveau de la mer, en ajoûtant le même nombre de foixante-trois toifes à toutes les hauteurs données, qui furpaffent cinq, ou fix-cent toifes: refte toûjours à l'experience à fixer dans l'échelle les bornes de ces deux termes avec plus de précifion. [*]

Il eft pourtant très-néceffaire de remarquer, que cette façon d'ôter, ou d'ajoûter le nombre précis de 63 toifes ne donne pas une regle générale, applicable à tous les cas poffibles. Il n'eft vrai felon toutes les apparences, que dans les circonftances particulières de mes obfervations barométriques; d'autres obfervations avec d'autres circonftances donneront toute une autre différence entre les deux calculs, qui proviennent de l'ufage des deux termes: la différence néanmoins entre le produit des deux termes une fois donnée, la même opération fe préfente également pour toute échelle des obfervations barométriques quelconque. Tout cela paroîtra très-clairement à ceux, qui fe donneront la peine de lire la differtation de Mr. Bouguer dans les mémoires de l'Academie des fciences pour l'année 1753. fur les dilatations de l'air dans l'atmofphère. Selon cet illuftre philofophe, „ les denfités de l'air „ ne font pas toûjours proportionelles aux hauteurs du Mer-
„ cure,

---

[*] Voyez la manière de calculer les hauteurs par les logarithmes en fe fervant du terme fupérieur ci-devant au commencement de cette lettre, ou en employant le terme inférieur, dans l'extrait de mes obfervations déjà données. Tom. 2. 1758. page 239.

„ cure; elles font souvent ou trop grandes, ou trop petites,
„ comme effectivement il les à trouvées en s'approchant de la
„ mer, alors la regle, qui réuſſit dans le haut de la corde-
„ lière aura beſoin d'une équation: ſi l'air eſt trop denſe, la
„ même quantité occupera moins de place, ainſi on ſera ob-
„ ligé de faire une légére diminution à la hauteur trouvée par
„ les logarithmes: ſi au contraire, l'air eſt trop peu con-
„ denſé à proportion de la hauteur du Mercure, il occupera
„ plus d'eſpace, & il faudra donc augmenter la hauteur four-
„ nie par la première règle. „ Le cas de mes obſervations
particulières ſera le cas d'une plus grande denſité de l'air,
par laquelle il s'eſt écarté dans les régions baſſes de la denſité
toûjours proportionelle, qu'il doit avoir avec l'air ſupérieur,
s'il n'étoit ſujèt à de grandes variations. De quel côté pourtant, que ſoit l'erreur, ſoit qu'elle provienne d'un défaut, ou
d'un excès de denſité proportionelle, il eſt toûjours vrai,
que les deux termes employés dans le calcul, ſervent à la diminuer en la partageant, & ſe corrigent réciproquement en
ôtant, ou en ajoûtant, ce que l'un ou l'autre donne de trop
ou de moins.

Les conditions que je demande, ſont, premiérement: autant qu'on peut la trouver, une égale & conſtante ſérénité
pendant tout le tems de l'obſervation, & cette condition re-
garde principalement la partie inférieure de l'atmoſphère,
qui eſt ſeule ſujette à des variations conſidérables, pour pouvoir enſuite former avec exactitude la partie inférieure de l'é-
chelle depuis le niveau de la mer, juſqu'à la hauteur de
cinq ou ſix-cent toiſes; ſécondement un Baromêtre portatif beaucoup plus ſenſible, que les Baromêtres ordinaires: de
cette façon, ſur tout par le moyen d'expériences encore plus
exactes, que celle de Mr. Caſſini & autres, je ne deſeſpère
pas

pas de pouvoir prendre les hauteurs avec plus de facilité & de précision, que même avec un quart de cercle, par des mesures géométriques, qui souvent sont très-trompeuses par la quantité toûjours variable & inconnue de la refraction, d'autant que les hauteurs sont prises ordinairement dans la partie inférieure de l'atmosphère; outre qu'il y a souvent bien des occasions, où les mesures géométriques ne peuvent être employées, & où l'on doit se contenter de connoître les hauteurs à 10. ou 12. toises près.

Le Baromètre, que j'ai à vous proposer, est de l'invention de Mr. *Passemant* artiste de Paris très-connu & très-ingénieux. C'est le Baromètre de Mr. Huygens reduit par les infléxions d'une table, qui serpente entre les deux colonnes de Mercure, assez commode, léger, portatif, qui ne se dérange guère par le mouvement, & se range facilement, quand il est en repos; enfin si sensible, qu'au lieu de quinze pouces, il pourra avoir quinze pieds de marche, comme on le voit facilement par la figure que je vous envoye. Cette figure représente un Baromètre qu'il a déjà fait, & qui repond aux Baromètres ordinaires; au lieu de deux pouces, qu'ils ont de marche, il a donné au lieu six pieds: mais pour notre Baromètre des hauteurs une si grande sensibilité n'est pas nécessaire, & ajoûteroit inutilement au poid, qu'il faut diminuer autant quil est possible.

On pourra toûjours objecter contre l'usage d'un Baromètre de cette espèce, ce qu'on a objecté en tout tems. Plusieurs physiciens, entre autres Mr. Desaguliers, regardent un tel Baromètre comme tenant trop du Thermomètre, à cause de l'esprit de vin qui entre dans sa construction; mais ces Messieurs n'ont pas fait refléxion, que par la construction

D   même

même ce Baromètre est tellement une véritable balance hydrostatique, dont les diverses colonnes pèsent selon leur hauteur, que le vif-argent cède toûjours en proportion, & s'accomode à mesure, que l'esprit de vin se dilate par la chaleur, de-sorte que la dilatation par la chaleur devient absolument nulle, & tout autre changement est insensible, excepté celui du poids variable de l'atmosphère; en effet, versés de l'esprit de vin dans un Baromètre de cette espèce; ou, ce qui revient au même, tachés de la dilater par la chaleur, & la vérité de ce que j'avance deviendra sensible; bien entendu, qu'on a toûjours très-grand soin de faire bouillir préalablement, avant de s'en servir, le vif-argent, & d'ôter tout l'air entremêlé dans ses parties, afin que de son côté il ne soit pas aussi dilatable par la chaleur, & ne participe pas lui-même la nature du Thermomètre : car dans ce cas il est visible, qu'ils se dilateront tous deux, tant le vif argent de son côté, que l'esprit de vin, qui fait son contre-poids, & l'instrument subira un changement par l'augmentation de la chaleur, ou de son contraire le froid : mais c'est alors la faute du constructeur, s'il devient Thermomètre [*].

On se sert communément, dans cette espèce de Baromètre, pour faire contrepoids aux deux colonnes de vif-argent, de deux liqueurs, à sçavoir, de l'huile de Tartre pour la partie inférieure du tuyau serpentin, & de l'huile de Pétrole pour la partie supérieure ; mais comme dans un Baromètre pour mesurer les hauteurs, le tuyau, qui serpente entre les deux colonnes de vif-argent, doit avoir quinze pieds, ou environ,

de

---

[*] Voyez cy-après les éclaircissemens, que nous avons ajoûtés, sur la construction de cette nouvelle espèce de Baromètre pour les hauteurs.

de longueur, il est à craindre, que l'huile de Tartre trop pesante, ne ralentisse le mouvement, c'est pour celà, qu'il sera plus utile de se servir pour les deux liqueurs de l'huile de Petrole, & de l'esprit de vin, ou de l'eau de vie colorée, & en cas qu'on trouve l'huile de Petrole trop analogue en pesanteur spécifique, on peut y mêler une petite quantité d'huile de Tartre pour la rendre tant soit peu plus pesante [†].

J'ajouterai à cette lettre une courte description du Baromêtre, dont j'ai déjà parlé, d'un autre nouveau Baromêtre marin, que le même artiste vient d'inventer, & d'un Thermomêtre plus sensible, d'une nouvelle construction, & je finirai par une table démonstrative de ma théorie, tout celà s'entendra facilement par les seules figures, & sans autres secours.

Du reste si les sçavans de votre païs veulent bien travailler d'après mes vuës, & faire quelques essais sur les montagnes voisines

---

[†] Mr. de l'Or, Physicien de Paris très connu, a trouvé, pendant 15 mois d'observations le Baromêtre de Mr. Huyghens sans défaut, & très-exact, en le comparant journellement avec un Baromêtre ordinaire très-bon; ainsi ma théorie sur l'usage de cette espèce de Baromêtre, pour prendre les hauteurs, se trouve déjà confirmée par l'expérience. J'ai recommandé dans la construction de ce Baromêtre l'huile de Petrole comme plus légère que l'huile de Tartre, Mr. de l'Or croit avoir remarqué que l'huile de Petrole dissout à la longue & en partie le Mercure. Il pense, que l'huile de Tartre bien clarifiée & l'eau de vie colorée est préférable à l'huile de Petrole; l'expérience en décidera.

fines pour les perfectionner, je ferai d'autant plus flatté de leur complaisance, que je suis trop éloigné des occasions de les pouvoir faire moi-même, & ils pourront reduire en pratique très-utilement, & très-commodement, une théorie, qui sans celà demeurera assez imparfaite, comme bien d'autres, & de très-peu d'usage. Je suis, &c.

NEEDHAM.

Table

Table démonstrative des hauteurs observées en 1752. sur les montagnes des Alpes, & relative à la Théorie précédente.

Hauteurs observées.	Hauteur du Mercure en lignes.	Hauteur des montagnes en toises selon Mr. Cassini & Maraldi.	Hauters des mêmes montagnes selon M. Bouguer prises de la Mer.	Les mêmes hauteurs prises du mont Pichincha.
A la mer.	336.	Toises.	Toises.	Toises.
A Turin.	328.	86.	101.	
A Ivrée.	320.	184-4. pieds.	204.	
A la Cité d'Aoste.	212.	290.	311.	
A Animeville, trois milles au nord-ouest d'Aoste.	308.	347-4. pieds.	365.	
A St. Remy,	276.	905.		888.
Au couvent de gr. St. Bernard.	250.	1483 -- 3.		1304.
Rocher au sud-ouest, dudit Couvent.	248.	1532 -- 4.		1337.
Mont Séréné, entre St. Remy & Cor-Mayeur.	247½.	1545.		1346.
Cor Mayeur.	289½.	649.		687.
A la moitié du chemin de l'allée blanche.	279.	845 -- 3.		843.
Au sommet de l'allée blanche au pied de la croix.	249½.	1495 -- 3.		1312.
Ville de glacières.	270½.	1014.		973.
Bourg St. Maurice.	291.	623 -- 3.		666.
Mine de Pesey.	262.	1203.		1107.
Mont-Tourné.	225.	2146.		1746.
L'Hôpital de Mont-Cénis.	314.	262 -- 1.	284.	
Glacière de Ronce, ou le sommet de M. Cénis, au N. E. de l'hôpital.	303.	423 -- 3.	434.	
Mont Picnincha en Pérou.	191.	3214.		2430.

Baromètre nouveau pour la mer, dans lequel la colonne de Mercure n'est sujette à aucune variation sensible provenante du mouvement du vaisseau.

Thermomètre.   Baromètre pour la Mer.

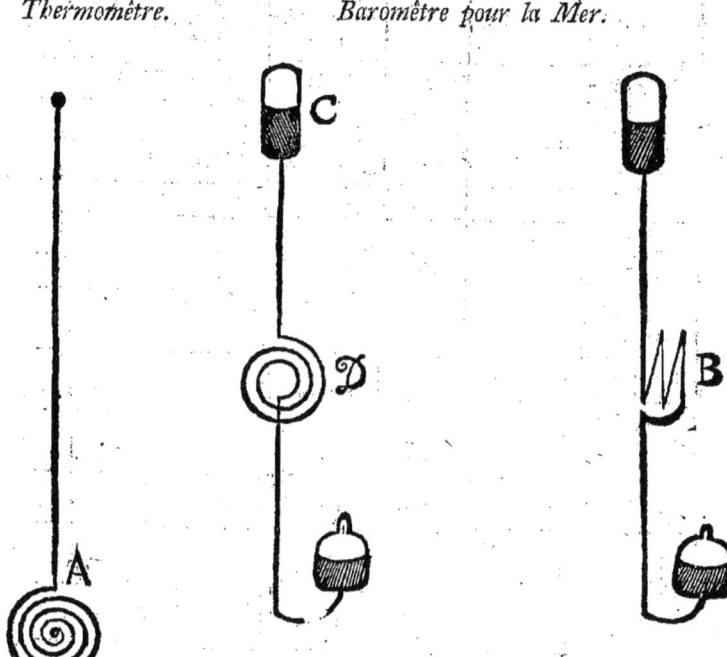

On fait faire trois tours au tuyau à l'endroit marqué D, qu'on peut faire de même grandeur, en les faisant passer l'un sur l'autre, comme on voit en B. & comme il pourroit encore y avoir une ligne, ou deux de mouvement, on met en C. une phiole de 3. à 4. pouces de haut, & d'environ 6. lignes de diamètre en dedans, & le mouvement du Mercure disparoit totalement.

Le Thermomètre A, en spirale, comme il présente beaucoup de surface à l'air, est extrêmement sensible.

Les deux tuyaux jufqu'à la hauteur A font remplis de Mercure, & les deux colonnes enfemble donnent une colonne totale d'un Baromètre compofé de Mr. Huyguens; laquelle étant furchargée de liqueur, (comme huile de Tartre) en a 29 pouces ½ hauteur variable, fi le vif-argent a bouilli dans la phiole; fans cela il ne feroit guère que 29 pouces; & ces deux colonnes ont chacune 14 pouces 9 lignes, le vif-argent ayant bouilli dans la phiole A, & le tuyau au-deffous, également.

La demi phiole marquée C eft remplie avec le tuyau jufqu'en E d'huile de Tartre.

La demi phiole F jufqu'à la moitié du tuyau E, eft remplie d'huile de Petrole.

B eft purgé d'air, auffi bien que le vif-argent, qui a bouilli au feu dans la phiole même, le remuant avec du fil de fer, par l'ouverture G H en une ouverture pour remplir le tuyau de liqueur.

Il faut éviter la fumée du vif-argent, fi le tuyau vient à fe caffer fur le feu.

Si on eft obligé de remettre un plus grand nombre de tuyaux inclinés pour avoir la valeur du nombre de pouces de variation dans un Baromètre fimple, porté fur de hautes montagnes; on fe fervira alors d'eau de vie à la place d'huile de Tartre, qui, étant trop péfante comparée à l'huile de Petrole, s'opoferoit à la defcente du vif-argent.

Eclair

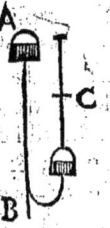

Eclaircissemens sur la construction du Baromètre.

Il ne suffiroit pas de faire bouillir le vif-argent seulement avant de le verser dans le tuyau; il faudroit encore le faire bouillir dans le tuyau même, & dans la phiole A; parce qu'en le versant il s'y insinue de nouvel air, lequel se dégage, & s'éléve dans la partie supérieure de la phiole vuidée de Mercure. C'est là que ce peu d'air échapé devient susceptible, par le chaud & le froid, d'une plus grande dilatation, ou d'une moindre, & rend par ce moyen le Baromètre sensible au chaud & au froid, ce qui change principalement la hauteur de la liqueur C. Pour pouvoir faire sortir les petites bulles d'air du Mercure, qu'on fait bouillir dans la phiole A, sur un réchaud de feu, on fait entrer un fil de fer délié par l'ouverture B. du petit bout de tuyau, qu'on a joint au bas de la courbure, & en le tournant en plusieurs tems, & en le retirant, & l'enfonçant dans le Mercure de la phiole, les petites bulles se réunissent, & on parvient à les faire sortir par l'ouverture B, qu'on soudera ensuite.

A l'égard du défaut de la dilatation de la liqueur, qu'on avoit jusqu'à présent imputé à ce Baromètre de Mr. Huyghens, cela est arrivé faute de remarquer, que lorsque la liqueur C s'éléve, par exemple d'un pouce par le chaud, c'est la même chose, que si on versoit par en haut de la liqueur, de la hauteur d'un pouce; la colonne dans les deux cas devient trop longue, & est obligée dans l'instant de se mettre en équilibre avec le poids de l'air.

On

On pourra mettre tel nombre de zigzagues au tuyau qu'on voudra, en les élevant au-deſſus des phioles ſupérieures, où eſt le vif-argent, pourvû qu'on allonge les deux colonnes de vif-argent, en raiſon de la hauteur qu'on donne de plus, ce qui ſe méſure par la ligne perpendiculaire, & non par la longueur du tuyau incliné.

Afin qu'il y ait moins de variation du Mercure dans les phioles qui doivent être aſſez longues, il faut leur donner un grand diamètre, en comparaiſon du tuyau, qui contient l'huile de Tartre & l'huile de Pétrole, ou l'eſprit de vin; ce tuyau aura intérieurement une demi-ligne de diamètre, où même un tiers d'une ligne ſuffira, pendant que les phioles auront quinze lignes de diamètre.

Si en ligne perpendiculaire on éleve encore d'un pied de hauteur les tuyaux inclinés, il faut allonger les colonnes de vif-argent d'un pouce.

Malgré toutes les précautions qu'on prendra pour bien purger le Mercure, ſi on trouve que l'inſtrument éprouve encore quelque changement par le chaud & le froid, il ne ſera pas difficile de trouver l'équation, dans ce cas néceſſaire pour la plus grande exactitude, par le moyen d'un petit Termomètre de comparaiſon, qu'on apportera à côté du Baromètre.

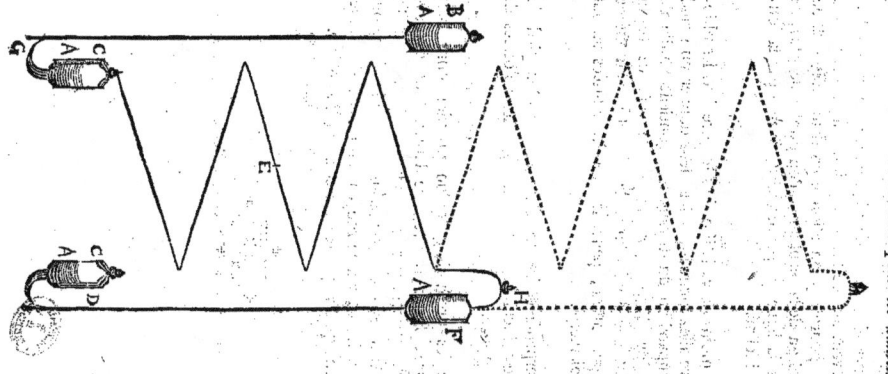

En employant de l'huile de Tartre, ou de l'huile de Petrole, chaque colomne de vif-argent depuis A jusqu'en A est de 14 pouces de Paris plus 9 lignes.

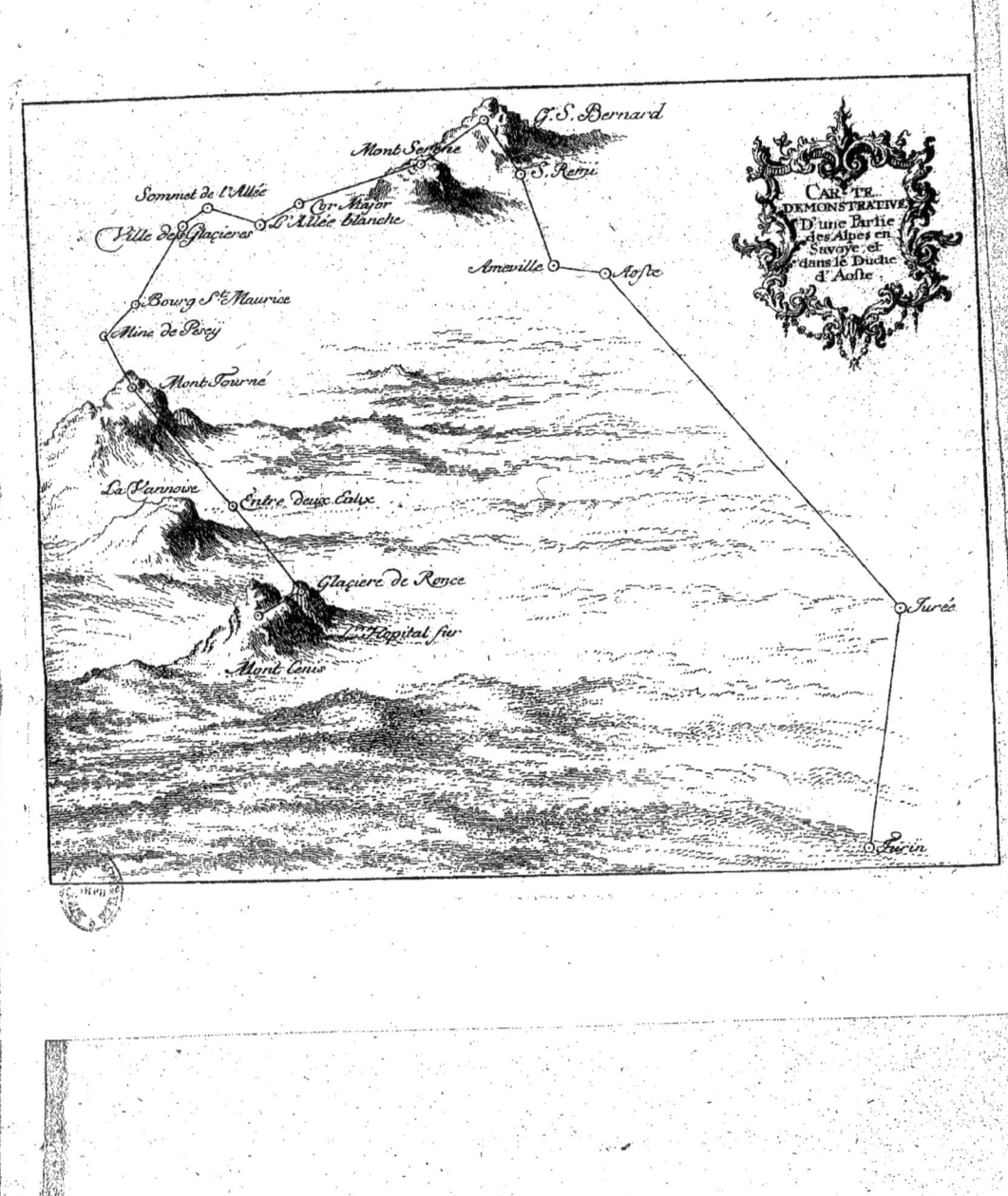

www.ingramcontent.com/pod-product-compliance
Lightning Source LLC
Chambersburg PA
CBHW061010050426
42453CB00009B/1360

V
1201.-
4.A.1.

Ⓒ

7694